Det simple liv er den grønne vej frem

FSC
www.fsc.org
MIX
Papir fra
ansvarlige kilder
Paper from
responsible sources
FSC® C105338

Charlotte Rasmussen

Det simple liv er den grønne vej frem

Det simple liv er den grønne vej frem

Tekst, idéer og fotos: Charlotte Rasmussen

Omslag: Charlotte Rasmussen

Forlag: BoD - Books on Demand, Hellerup, Danmark

Tryk: BoD - Books on Demand, Norderstedt, Tyskland

ISBN: 9788743047612

1. udgave 2022

Tidligere bøger af samme forfatter:

Kreative genbrugsidéer - Giv Dit Skrald Nyt Liv

Privatøkonomi - Hvad er det for noget?

Hver dansker bruger i gennemsnit 17 ton CO_2 om året. De 17 ton dækker over alt fra flyrejser til istandsættelse af boligen, nyt tøj og madvarer. Det tal skal reduceres til 2-3 tons for hver dansker inden år 2050.

CO2 er en luftart, der hverken kan ses eller lugtes. CO2 er en helt naturlig luftart, men på grund af vores overforbrug har det skabt ubalance i jordens økosystem. Derfor oplever vi bl.a. stigende temperaturer.

Biodiversitet er nødvendig for alt liv på jorden. Den sørger for, at vi kan få rent vand og kan trække frisk luft. Den kan også hjælpe med at afværge naturkatastrofer, modvirke skadedyr og sygdomme samt medvirke til at regulere temperaturen.

Danskerne køber mere tøj end resten af verden. I gennemsnit 10,2 kilo tøj om året pr. dansker. Vores tøjforbrug er 35% højere end resten af jordens befolknings tøjforbrug.

Indholdsfortegnelse

Indledning

Jeg er personligt ikke overbevist om, at alle klimaforandringer er menneskeskabte, men der er ingen tvivl om, at med al den forurening, vi udleder hver eneste dag, så er mange af klimaforandringerne, vi menneskers skyld.

Hvis vi *vil* være grønne og undgå, at vandstandene i havene stiger, hvis vi *vil* undgå højere temperaturer etc., så skal vi ikke have klimamål om 10, 15 eller 30 år. Skal vi f.eks. omlægge naturgas til grøn energi, er der ikke *nogen*, der behøver 10 år til det. Det kan sagtens gøres inden for få år, hvis vi *vil* og har viljen til det. Det *er* faktisk ikke så svært at blive hurtig grøn.

Derfor skal vi også hjælpe både de små og de store virksomheder økonomisk med at omlægge til grøn produktion/grøn energi. Ja, det koster rigtig mange penge, men de penge er godt givet ud, og kommer, i sidste ende, os allesammen til gode.

Selvom du og jeg kan gøre en forskel, så er det politikerne, der skal på banen i det store spil. De *har* også store planer i debatten om klimaproblemerne, men så længe penge og prestige er vigtigere, kommer vi aldrig klimaproblemerne til livs i tide.

Tager vi f.eks. projekt Lynetteholmen, den store kunstige halvø, som skal ligge i forlængelse af Refshaleøen, så ser vi jo her, hvor stor betydning penge og prestige har for politikerne i forhold til klimaforandringerne.

Der er nemlig adskillige eksempler på, hvordan det går, når vi mennesker, blander os i naturens gang. Som når vi flytter på åer, fordi de ligger i vejen i forhold til byggeri etc. Der *er* jo en grund til, at de ligger, hvor de ligger, og naturen hverken *kan* eller *skal* vi pille ved. Vi har ingen magt over naturens kræfter, heldigvis.

Selvom bogen her egentlig kun omhandler vores eget lille land, så sker klimaforandringerne jo over hele verden. Derfor kan vi heller ikke selv løse alle klimaforandringer, men vi kan starte en grøn bølge, som kan sprede sig til hele verden.

Jeg håber (og forventer) i hvert fald, at du, når du har læst bogen til ende, ikke bare er blevet inspireret, måske også klogere, men også rider med på den grønne bølge med det samme.

God læselyst.

Charlotte Rasmussen

madamgroen.dk

Jordens ressourcer

29. juli 2021 er en markant skelsættende dato for hele jordens befolkning. Det var nemlig den dag, jordens naturressourcer var opbrugt for *hele* 2021. Mere markant er det, at vi danskere havde opbrugt vores eget lands naturressourcer allerede ***26. marts 2021***. Altså næsten 4 måneder tidligere end hele verdens naturressourcer blev opbrugt. Danmark er det land, som har det højeste forbrug af ressourcer og CO2-udslip pr. indbygger. Et lille bitte positivt tegn er, at vi i år først har opbrugt vores ressourcer ***28. marts***, altså 2 dage senere end sidste år.

Hvert år udarbejder Global Footprint Network en rapport, der udregner årets Overshoot Day. Dagen markerer skæringsdatoen for, hvornår verdens befolkning har opbrugt de ressourcer, kloden kan genskabe på et år.

Men når nu vi ved, at vi hvert eneste år opbruger naturressourcerne med en galoperende fart, hvorfor er det så, at vi ikke gør noget ved det? Hvorfor er det, at politikerne opstiller klimamål, som ligger 10, 15 og 20 år ud i fremtiden? Hvorfor er det, at vi ikke gør noget *nu*? Hvad er det, der er så svært?

Én af grundene til, at vi ikke gør noget *lige nu* er, at vi tænker, at klimaforandringerne *ikke* får den store betydning for os i vores levetid. Men er det ikke vores ansvar i sidste ende at tænke på vores børn, børnebørn og oldebørn? Kan vi blive ved med at fralægge os ansvaret for klimaforandringerne, når vi selv har været med til at skabe dem? En anden grund er desværre penge, for penge er vigtigere end klimaet for politikerne.

Ansvaret påhviler ikke kun dig og mig, men også virksomhederne skal tage ansvar for deres udledning af CO2.

Så, lad os sammen tage kampen op mod klimaforandringerne *nu*. Ikke i morgen eller i overmorgen, men allerede *i dag*.

Lad os sammen gøre Danmark til et grønnere sted med masser af natur - også i storbyerne. Naturen har nemlig en positiv effekt på psyken.

Lad os sammen få nedsat al den forurening fra biler og lastbiler, så vi i stedet for forurening kan trække frisk luft ned i lungerne. Forurening er nemlig en dræber.

Lad os sammen få vildere haver, så vi også fremover kan nyde synet af sommerfugle, bier og insekter. De er nemlig alle godt for noget.

Lad os sammen nedsætte vores materielle forbrug og arkivere vores køb-og-smid-væk-kultur for altid. Den er nemlig ikke godt for noget.

Kun sammen kan vi gøre en forskel mod klimaforandringerne og for miljøet.

Affaldssortering

Jeg har glædet mig så meget til at få et nyt medlem i familien. Vores nye genbrugsbeholder til pap. Nu er vi simpelthen de lykkelige indehavere af tre genbrugsbeholdere. Ikke nok med det, så er der, udover pap, også andet skrald, vi nu kan smide i de andre genbrugsbeholdere. Er det ikke bare fantastisk? Tilmed sparer vi også tid på at skulle på genbrugspladsen, for de ture bliver der nu længere imellem.

Mange synes, at det er besværligt at skulle sortere sit affald, for der er mange forskellige typer affald, som man lige skal have styr på, men jeg kan berolige dig med, at det faktisk slet ikke *er* så svært og kedeligt, som det lyder.

Al begyndelse er svær, men øvelse gør mester, og du lærer hurtigt hen ad vejen, hvor hvad skal hen. Måske kan du sammen med naboen lave en konkurrence om, hvem der kan sortere mest?

Hjemme hos os sorterer vi ca. 98% af vores affald, og vi har faktisk sorteret de sidste mange år. Da jeg er typen, der simpelthen ikke gider at stå på genbrugspladsen og sortere vores affald, har vi plastbeholdere stående i vores garage til henholdsvis hård plast, porcelæn og elektronik og til farligt affald har vi så lige fået en beholder fra affaldsselskabet. Her vil jeg lige indskyde, at vores egne plastbeholdere ikke er indkøbt til formålet, men er brugt og udtjente. Derfor er de jo oplagte til at sortere i. Når så turen går til genbrugspladsen, tager vi beholderne med, tømmer dem i de respektive containere, tager dem med hjem igen, og så er de klar til næste opfyldning. Ligeledes har vi klare sække stående til henholdsvis blød plast og tøj, en plastbeholder til produkter indkøbt i Matas (som du kan læse mere om sidst i bogen) og en pose til legetøj, som afleveres til den lokale Mødrehjælps butik, når den er fyldt.

Måske har du ikke nogen plastbeholdere, men nogle papkasser, som alligevel skal ud. De kan jo passende bruges til at sortere i. Nemmere kan det bare ikke være. Som sagt er al begyndelse svær, men når du først er kommet i gang med at sortere, så kører det bare derudad, og hvorfor skal vi også bare brænde en masse affald af, som udmærket kan genanvendes til nye materialer?

Da vi alle, flere gange eller måske adskillige om dagen, har affald til genbrugsbeholderne, kan det anbefales at have mindre beholdere stående indenfor, som så kan tømmes, når de er fyldte.

Hvis du ikke har så megen plads til affaldssortering, eller bare ikke ønsker at have beholdere stående til at fylde, så får du længere henne i bogen en pladsbesparende og smart løsning på det.

Vi er nødt til at erkende, at affaldssortering er af stor betydning. Alt for meget bliver smidt ud, som ikke fejler noget, og alt for meget bliver ikke sorteret, så det bliver brændt i stedet for at blive genanvendt. Det er der ikke meget mening i, og det er også rigtig dårligt for miljøet.

Du kan læse meget mere på dit affaldsselskabs hjemmeside om, hvordan du sorterer dit affald, og skulle du være interesseret i at læse mere om affald og genbrug, så kan jeg med fordel anbefale dig affaldplus.dk, hvor der er flere gode og interessante artikler.

Affaldssortering - bare kom an

Boligen

I vores bolig kan der virkelig tænkes klimamæssigt. Både hvad angår renovering og også indretningsmæssigt.

Skal du renovere, kan du flere steder købe brugte materialer. Bl.a. på genbyg.dk og dba.dk.

Fordelen ved at købe brugte materialer, udover at det selvfølgelig er klimavenligt er, at det også har en historie. Der er måske gulve fra en gymnastiksal eller vinduer fra en gammel gård.

Ulempen er dog, at det kan være ekstremt dyrt, hvilket helt automatisk sorterer mange fra pga. økonomien. Her skal der virkelig fokus på priserne fra virksomhedernes side, for selvom der skal tjenes penge, er det bedre at priserne er i et leje, hvor de fleste kan være med, så det giver endnu mere salg. Dette vil også øge indtægten for virksomheden, så det er altså en ren win-win klimasituation.

Indretningsmæssigt er der også masser af bl.a. brugte møbler at finde, f.eks. på dba.dk eller på loppemarkeder. Der er rigtig mange penge at spare ved at købe brugt.

Selv har vi bl.a. købt et sofabord på dba fra Ilva. Nypris kr. 4.000,-. Vores pris kr. 200,-. Det trænger til en gang slibning og maling eller lak, og så er det et fantastisk flot bord. Så en omkostning på ca. kr. 200,- oven i. Besparelse kr. 3.600,-

Jeg har også reddet mig flere reoler og vinkasser m.m., som ellers bare ville være endt i containeren.

Jeg elsker at omgive mig med unikke ting, som ingen andre har. Det giver vores hjem vores helt eget præg, og jeg kreerer også selv ting af skrald.

Hvorfor smide noget ud, som er brugbart, bare fordi man *kan*? Hvorfor købe nyt, når man kan købe så mange spændende ting brugt, som måske bare trænger til en opfriskning, eller overhovedet ikke fejler noget?

Jeg har ikke brug for at følge tidens trends. Jeg har brug for at elske mit hjem, som aldrig kommer til at ligne noget fra Bo Bedre. Jeg har brug for at omgive mig med ting, som har en historie. Jeg elsker hjemmelavede ting, både ting, som jeg selv har kreeret, men også som mine børn har lavet eller min søster f.eks., for det er lavet med hjertet og gode tanker.

Selvfølgelig skal vi også købe nyt. Bare ikke for tit og ikke bare for, at vi nu skal have de nyeste trends. Det koster på CO2-udledningen at producere nye ting, så *tænk* over dit næste "nye" indkøb.

Køb med hjertet - ikke med hovedet. Det sparer dig for mange penge og skåner vores planet

Byggeri

Vi bygger og bygger - nyt. Nye etageejendomme. Nye parcelhuse. Nye sommerhuse. Nye rådhuse. Jeg kunne blive ved, for listen er lang.

Vi fjerner naturen for at bygge nyt - og til hvem? Vi beklager os over, at rådyr løber ud foran bilerne på vejene, men hvor skal de snart være henne?

I mange byer er der snart ingen natur tilbage, fordi kommunerne kun tænker på at bygge nyt for bl.a. at tiltrække nye borgere. Men det hænger ikke sammen med, at vi skal tænke på miljøet, for nyt byggeri er faktisk rigtig skidt for miljøet.

Nybyggeri er enormt ressourcekrævende og udleder enormt meget CO2, for alle elementer skal jo være nye, og eftersom vi efterhånden også bygger større og større boliger, skal vi også bruge endnu flere materialer.

Selvom vi *kan* bygge nye boliger bæredygtigt, så er det, de færreste i dag, der har råd til det pga. priserne.

Til gengæld er det meget bedre for miljøet at renovere de gamle boliger. Jeg erkender, at nogle af dem desværre kun er til nedrivning, fordi de ikke er blevet vedligeholdt, men der er også rigtig mange af dem, som kan blive nogle fantastiske "nye" boliger uden brug af alt for mange ressourcer.

En gammel bolig har måske også en historie, og du kan også her få lige præcis den bolig, som du drømmer om. - Og tilmed en bolig med charme.

Når du renoverer, kan du også genbruge mange af materialerne. Måske skal gulvet skiftes, og gulvplankerne kan så muligvis bruges i et andet rum og til noget helt andet i huset. Det er kun fantasien, der sætter grænserne.

Renovering gælder ikke kun private boliger, men også virksomheder og den offentlige sektor. Gamle rådhuse, gamle skoler etc. kan også renoveres.

Hvis kommunen ikke skal bruge det pågældende sted mere, kan de jo f.eks. "genåbne" som kollegier, kontorfællesskaber eller bed & breakfast.

Og husk så når du renoverer at bruge bæredygtige materialer, så du belaster miljøet så lidt som muligt.

På bolius.dk/bobæredygtigt kan du læse meget mere om at renovere og bo bæredygtigt.

Begræns nybyggeri og renovér i stedet til gavn for miljøet - og dig selv

Elektronik

Der bliver opfundet og produceret den ene elektroniske ting efter den anden. En ny udgave af mobiltelefoner hvert eneste år. Nye og større fjernsyn. Elpærer, der kan styres via en app på sin mobiltelefon. Robotplæneklippere. Jeg kunne blive ved, for listen er uendelig lang.

Selvom noget af det måske er smart, så er det på ingen måde klimavenligt, for alle de ting æder mere og mere strøm, og det skal vi spare på.

Selvom strømmen kan blive grøn, så skal den jo komme et eller andet sted fra, og jo flere apps der skal være på mobiltelefonen, jo mere strøm bruger den også, ligesom den hurtigere bliver slidt ned.

Jeg er ikke modstander af elektronik, for på mange måder hjælper det os jo, men jeg er modstander af, at firmaerne bag udvikler dårligere og dårligere produkter, så de hurtigere skal udskiftes. Selvfølgelig skal et firma tjene penge, men vi behøver ikke 10 forskellige firmaer, der producerer den samme ting, for når det kommer til stykket, er det næsten kun navnet, der er til forskel.

Det er ligesom om, at fordi vi *kan* udvikle nye ting, så *skal* vi også gøre det. Problemet er bare, at selvom alle de elektroniske ting kan være nok så smarte, så er de virkelig skidt for klimaet.

Prøv at se hvad du selv har af elektroniske ting i dit hjem. Hvor meget af det, har du egentlig behov for - og hvor meget kunne du egentlig undvære, når det kom til stykket?

Når jeg ser, hvad vi har i hjemmet af elektroniske ting, ville jeg ikke undvære kaffemaskinen, vaskemaskinen, støvsugeren, komfuret, køleskabet, fryseren, elpiskeren, strygejernet, emhætten, fjernsynet - og selvfølgelig det elektriske lys.

Som Danmark er i dag, er jeg nødt til at have en computer og en printer, men ellers kunne jeg sagtens undvære tørretumbleren, opvaskemaskinen, computeren, iPad´en, smartphonen, frituregryden, elkedlen, printeren, dvd-afspilleren, brødristeren, home-boxen, el-tandbørsten, racletten og vaffeljernet.

Så ud af 25 elektriske ting kunne jeg faktisk undvære over halvdelen. Ret tankevækkende, ikke?

På det elektroniske område står det skidt til med vores køb-og-smid-væk-kultur. Rigtig skidt. For på det område, kan vi rigtig vise os frem for vennerne, familien og naboen. Større fjernsyn. Nyeste iPhone. Bedre robotplæneklipper etc.

Men der er ikke noget at være stolt af, når det betyder, at vi blot modarbejder vores planet, for det kræver mange ressourcer at producere elektronik, og meget af det havner på genbrugspladsen, selvom det intet fejler.

Køb kun elektronik, når det gamle er udslidt - til stor glæde for din pengepung og miljøet

Emballage

Emballage finder vi alle steder. Lige fra chipsposen til den pakke, du bestilte på nettet. Til gengæld finder vi også et enormt emballagespild, hvor vi *kan* spare rigtig mange ressourcer.

Når vi ser på fødevareområdet, har en del producenter allerede nedbragt emballagespildet ved at lave emballagen mindre, så det passer til mængden af indhold. Men der mangler stadig en del producenter endnu. F.eks. er en pose med chips som hovedregel kun halvt fyldt. En pose med Salling frossent brød fra Føtex er ligeledes kun halvt fyldt. Her kunne spares meget emballage, men problemet er, at ingen ville købe dem til prisen, hvis de var halv størrelse, for man ville ikke føle, at man fik noget for pengene.

På legetøjsmarkedet kunne bl.a. LEGO og Playmobil også spare enorme mængder emballage. Her har vi desværre også samme problem. Selvom LEGO og Playmobil er fantastiske kvalitetsprodukter, så er der nok ikke mange, som ville fristes til at betale f.eks. kr. 1.000,- for en æske i halv størrelse af i dag.

Så selvom producenterne helt klart har et ansvar for at nedbringe emballagespildet, så er det også *os forbrugere*, der skal ændre vores syn, *før* emballagespildet kan nedbringes yderligere.

I stedet for at se på størrelsen af emballagen, er det faktisk vigtigere at se på indholdet i gram/kg, når vi taler fødevarer.

Der er også pakken, du bestiller på nettet, hvor der er et stort ressourcespild, for papkassen eller boblekuverten bliver sjældent brugt mere end én gang, så ryger den i papbeholderen, på genbrugspladsen, i småt brændbart eller måske bliver den brændt af i brændeovnen. Selvom pap kan genanvendes, så koster det stadig på CO2-udledningen. Tit er der også plast eller papir som fyld i papkassen, som formentlig, i mange husstande, ryger i småt brændbart. Derfor er nethandel heller ikke nogen grøn løsning.

Ud over at være forfatter arbejder jeg som logistikassistent i en større byggemarkedskæde, og her ser jeg også et kæmpe emballagespild. Når vi modtager varer, korser jeg mig simpelthen over, hvordan mange leverandører *ikke* tænker miljørigtigt. En lille vare kommer i en papkasse, som er 5-6 gange større end selve varen. Vi modtager også varer fra den samme leverandør i flere forskellige papkasser, hvor papkasserne ikke er fyldt op. Det er simpelthen ikke miljørigtigt, men det koster også på fragten, og den regning ender jo i sidste ende hos forbrugeren.

Helt at undgå emballage kommer vi ikke til, men vi kunne skære langt ind til benet, hvis vi ville. Det ville dog kræve, at vi skulle have f.eks. madmarkeder og ingen nethandel. Det er nok ikke noget realistisk scenarie, sådan som Danmark ser ud i dag.

Tag ansvar hver især og nedbring emballagespildet - til gavn for os alle og vores planet

Genbrug

Selvom vi er blevet rigtig gode til at købe brugt og genbruge, er der lang vej endnu. Vi køber stadig alt for meget nyt, og alt for meget, som vi i virkeligheden ikke har brug for. Vi har stadig et overforbrug og en køb-og-smid-væk-kultur, som er vigtig at få bugt med. Ikke nok med at det er godt for miljøet, så er det også godt for vores økonomi.

Biler, tøj, lamper, legetøj, køkkenting, smykker, fjernsyn, telefoner etc. Hvor meget *skal* vi bruge - og *kan* vi bruge?

Desværre skyldes vores overforbrug også, at nogle har mange penge mellem hænderne og i flere tilfælde også, at vi ikke vil "stå tilbage" for naboen, vennerne eller familien. Og her er jeg helt sikker på, at det ikke er brugte ting, der bliver købt ind. Tænk på hvad de penge ellers kunne være blevet brugt til? Måske at gå ned i tid, som du længe har drømt om, så du kunne bruge mere tid på din hobby, dine børn, familien og vennerne?

Personligt vil jeg hellere selv arbejde færre timer, tjene det mindre og så prioritere pengene. Jeg har simpelthen ingen trang til at skulle købe nye ting hele tiden. Jeg skal dog ikke være hellig. Jeg har lavet mange impulskøb i tidens løb, men det er næsten altid lykkedes mig at sælge dem på dba, og med tiden, har jeg lært at købe ordentlige ting, som holder i mange år. Jeg har selv været en stor del af køb-og-smid-væk-kulturen, for det har været en del af min opvækst. Vi har brugt mange penge på at købe nyt, hvorefter jeg så har syntes, at det alligevel ikke lige var, hvad jeg gerne ville have. Så blev det smidt ud eller foræret væk. Ærgerlige penge ligeså. Genbrug var ikke noget hit dengang, men i dag køber jeg rigtig meget brugt, ligesom jeg også har reddet mig en del ting gratis, bl.a. flere reoler, som ellers ville være endt i containeren. Jeg har også lært at vente med at købe, til jeg finder det rigtige. Det samme skal du gøre. Er du i tvivl om et køb, så vent, for så er det helt sikkert ikke det rigtige for dig.

Nogle mener, at vi med vores overforbrug holder produktionen i gang. Det er som sådan også rigtigt nok, men i Danmark mangler vi arbejdskraft på grund af den store produktion. Ved at nedsætte vores forbrug af nye ting, løser vi faktisk flere problemer. Vi mangler ikke arbejdskraften, og vi skåner miljøet. Det er simpelthen en ren win-win situation.

Materielle ting gør dig ikke lykkelig - det gør naturen og gode oplevelser med familien og vennerne

Grøn energi

For år tilbage var min familie og jeg på havmøllesafari med DONG Energy til Middelgrunden Havmøllepark i Øresund. Det var en fantastisk oplevelse at se de 20 store vindmøller på tæt hold, for jeg er stor tilhænger af vindmøller. Faktisk synes jeg, at vindmøller er utrolig smukke og et fascinerende syn. Kæmpestore og med vinger, der bare kører rundt og rundt.

Vi skal væk fra de fossile brændstoffer og over på grøn energi. Vores varmekilde skal være grøn. Vores strøm skal være grøn. Vores biler skal køre på grøn energi. Men hvor skal al den grønne energi komme fra?

Vindenergi, jordvarme, solenergi, bioenergi, atomkraft, vandkraft.

Som du kan se, er der flere muligheder for grøn energi, men det kræver store vindmølleparker, solcelleparker, solceller på tagene, jordvarme i haven eller biogasanlæg, hvis vi skal dække det forbrug, vi har - og vil have fremadrettet i Danmark.

Mange er modstandere af vindmøller og også solcelleparker, men vi kan ikke tillade os at være kræsne, hvis vi samtidig gerne vil bruge en masse strøm og varme.

Mon der er nogen, der har regnet på, *hvor meget* grøn energi vi skal producere i Danmark, hvis *alle* biler, lastbiler, busser og toge skal køre på grøn strøm? Hvis *alle* husstande, *alle* virksomheder og *hele* den offentlige sektor skal bruge grøn strøm og varme?

Ser man på den samlede produktion af strøm i Danmark i dag, så kommer over 1/3 fra vindmøller, men det er jo altså som sagt kun til strøm.

I dag kommer ca. 9% af vores energi i Danmark fra bioenergi, og bioenergi lyder jo også umiddelbart som en god løsning. Vi importerer over 90% af biomassen, og biomasse består bl.a. af træ, madaffald og restprodukter fra fødevareproduktion, men problemet her er, at det ikke er CO2-neutralt at bruge maskiner til at fælde træer, hvilket i mine øjne ej heller giver nogen mening at skulle gøre det for at omdanne det til træflis eller træpiller, som så skal *brændes af*!! Ligeledes er transporten til og fra fabrikker heller ikke CO2-neutral.

Atomkraft er jeg absolut ikke tilhænger af. Jeg synes, at der er for stor en risiko ved atomkraftværker. Ligeledes bryder jeg mig ikke om, at affaldet er meget radioaktivt og skal opbevares forsvarligt for ikke at skade mennesker og jorden generelt, så for mig er atomkraft helt udelukket som grøn energi.

Selvom vi på det seneste har kunne både læse og høre i medierne, at havvindmøller kan påvirke vejret helt ind på land, så er jeg stadig tilhænger af vindmøller, men måske skulle vi lige overveje nogle af de andre alternativer, indtil vi ved, hvilke negative konsekvenser, de måske har.

Har du naturgasfyr eller oliefyr, så investér i en varmepumpe og solceller på taget - det giver god og grøn energi

Haven

Det er blevet populært at have en vild have, og selvfølgelig skal vi da det. Faktisk er en vild have så utrolig smuk og fyldt med liv, at jeg måske ikke helt forstår, hvorfor ikke alle allerede har det.

Så hvad er en vild have og hvorfor skal vi nu have det, når mange egentlig bare foretrækker én stor kortklippet græsplæne og måske nogle enkelte bede?

En have skal ikke bare være til pynt. Den skal bruges og nydes af dens beboere, både mennesker og dyr. Vores haver skal bruges til spil og leg, vasketøj og afslapning/hygge med familie og venner. Der skal være insekthoteller, blomster og buske i lange baner, som tiltrækker bl.a. bier og sommerfugle, en bunke med kvas, et mindre stykke med græs, måske en lille dam eller et springvand og ukrudt. Prøv at se med nye og friske øjne på ukrudtet. Der er masser af ukrudtsblomster, som er fantastisk flotte. Se bare på mælkebøtten. Hvis du ikke vidste, at det var ukrudt, ville du så fjerne den?

Jeg kan varmt anbefale at anlægge et bed med lavendler, der dufter *så* fantastisk, og tilmed er utroligt nemt at passe. Klip lavendlerne næsten helt ned om foråret, og så vokser de sig store til om sommeren. Det er det eneste, du behøver at gøre, og resten af året står de bare stedsegrønne. Brumbasser og sommerfugle er *vilde* med dem. Sidste sommer havde vi æren af ét leben af brumbasser og sommerfugle fra tidlig morgen til sen aften. En del af brumbasserne faldt simpelthen også i søvn i lavendlerne, så det var til stort skue for hele familien.

En vild have er simpelthen en nødvendighed for vores biodiversitet. Vi har mangel på insekter, og det *skal* vi, uden nåde, bare løse, for ingen ønsker en verden uden insekter, da det vil få kæmpe konsekvenser for os mennesker.

En ting der ikke er velkommen i haven, uanset om du omlægger til en vild have eller beholder den, du har nu, er en robotplæneklipper. En græsplæne skal nemlig *ikke* slås hele tiden. Men uanset hvilken plæneklipper du har, så *skal* græsset altså ikke slås for tit. Det skal have lov til at gro, og desuden giver du bare dig selv endnu mere arbejde. Græs er som hår. Jo tiere du klipper det, jo hurtigere gror det. Har du ikke kræfter eller tid til at slå græsset, er løsningen *ikke* en robotplæneklipper, men at indskrænke græsplænen til et minimum. Alternativt kan en bolig med en mindre have være en mulighed.

Jeg elsker selv duften af nyslået græs, og man kan sagtens have en vild have og en kortklippet græsplæne, men græsplænen skal bare ikke være det altoverskyggende i haven. Tværtimod. Selv hvis man har græsallergi, høfeber eller astma, kan man sagtens have en vild have. Løsningen er her igen - indskrænk græsplænen til et minimum, så behøver du ikke have dårlig samvittighed over at slå den.

Gift og store arealer med fliser er ligeledes ikke velkommen. Giften forurener og trænger ned i vores grundvand, og med de store mængder nedbør, vi får mere og mere af, skal de store terrasser også indskrænkes, da vandet har svært ved at trænge ned. Ligeledes kræver en stor flisebelægning også en del arbejde, da det er de færreste, som vil have ukrudt mellem fliserne.

Haven og i særdeleshed naturen, er også ren terapi for dig. Der kan tænkes store tanker, eller du kan lukke alle tanker ude ved at dyrke mindfulness, yoga eller meditation.

Haven skal ikke være et nødvendigt onde. Derfor er den vilde have også fantastisk, da den behøver utrolig lidt pleje, og du derfor skal bruge et minimum af tid på den.

Har du fået lyst til at omlægge haven, så kan du få gode tips og tricks på bolius.dk/foroeg-biodiversiteten-i-din-have.

Selv *elsker* jeg at gå og nusse i haven. Jeg *elsker* dyrelivet (undtagen edderkopper og dræbersnegle), men jeg *nyder* også bare at sidde og slappe af og kigge på alle de smukke blomster. Haven er mit fristed.

Omlæg til vild have til glæde for - ikke kun dig selv, men også biodiversiteten og dyrelivet

Hvis du bor i lejlighed, eller bare ikke har megen plads til affaldssortering, så er genanvendelige net hængt op på væggen en praktisk og dekorativ løsning. Tag ét af nettene med, når du skal handle, så kan du få tømt det i affaldsbeholderen på vejen. Brug korkpropper, tomme garntrisser eller lignende til ophæng

Når du køber sengelinned eller lagner, ligger disse ofte i nogle fine stofposer. Disse bruger jeg nu, når jeg køber frugt og grønt i løssalg. Det sparer en masse plastposer, som alligevel ikke kan bruges til noget efterfølgende, og så kan stofposerne vaskes i vaskemaskinen efter behov

Nogle af stofposerne kan lukkes helt med båndet. Så slipper du også for, at frugten triller ud

Klementinkasser er simpelthen perfekte til opbevaring, da de også er stabelbare. Brug dem til perleplader, tusser, skriveartikler, hobbymaling, gavebånd og meget mere. På kasserne til højre har jeg savet de trekantede stykker af, så de ikke fylder lige så meget i højden

Her er en 5 kilos klementinkasse blevet til en opbevaringskasse til forlængerledninger og kabler

Fra siden

Honningbøtter er idéelle til opbevaring af f.eks. perler

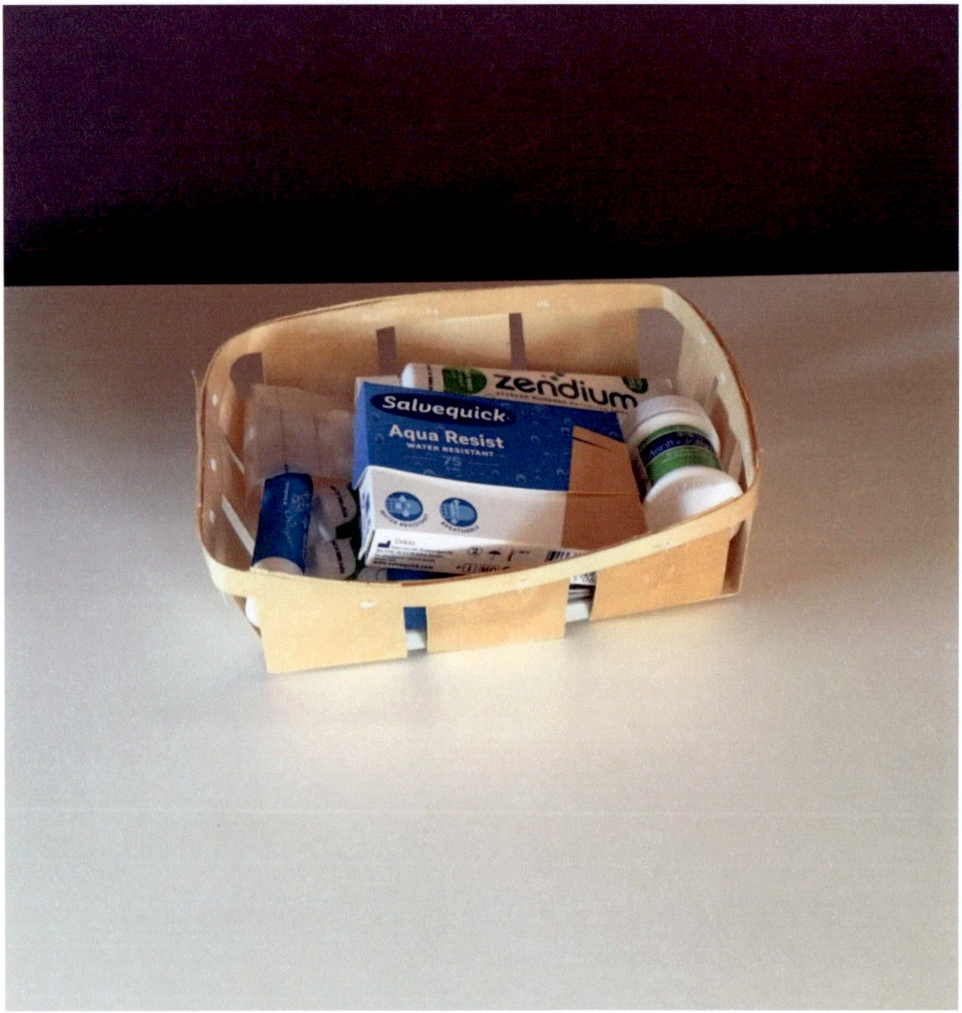

Her er en champignonbakke brugt til opbevaring af toiletartikler

Til vores frituregryde hører 2 små kurve til, som vi ikke bruger. Den ene bruger vi nu til opbevaring af løg. Du kan også bruge dem f.eks. til opbevaring af frugt

Nutellaglas 200g er idéelle som drikkeglas

En vinkasse er her blevet til en fin krydderihylde. Jeg har isat en ekstra hylde og brugt mellemrumsstykkerne til foran, så krydderierne ikke vælter ud. Derudover har jeg valgt at sætte noget bånd på for at give den et mere personligt udtryk

Krydderihylden set bagfra. Jeg har skruet 2 hængsler på, så den kan hænge på væggen

Her ses krydderihylden uden krydderier, hvor du også kan se den ekstra hylde, som jeg har isat. Hylden er blot et stykke træ skåret til i størrelsen, og søm er hamret i fra siden for at holde den

Sådan så vinkassen ud, inden den blev til krydderihylden

En stor gammel ramme er her blevet til en opslagstavle med nogle af børnenes tegninger. Tegningerne er sat fast med tegnestifter i forskellige farver

Opslagstavlen set bagfra. Rester af en brugt bagbeklædning er skåret til og hæftet på med hæftepistol, ligesom ophænget af jutegarn

Gamle rammer kan nemt omdannes til nye billeder. Her har jeg klippet nogle avissider fra Andelslandsbyen Nyvang i Holbæk til og sat dem i. Du kan også male rammerne, hvis det passer dig bedre

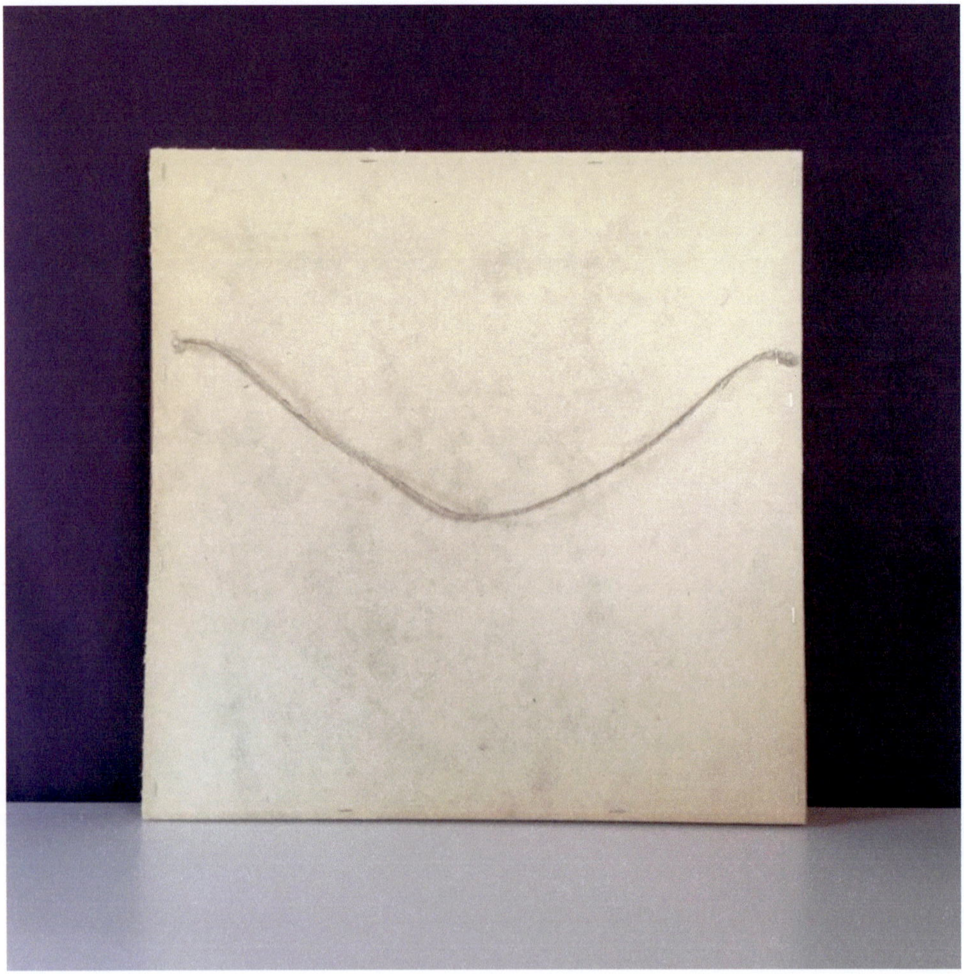

Billedet set bagfra. Rester fra en brugt bagklædning er skåret til og hæftet på med hæftepistol, ligesom ophænget af jutegarn

Her er et stort glas fra cornichoner blevet til en urtepotte til efeuen. Du kan - til miniplanter - f.eks. også bruge Nutellaglas

Du kan aldrig gå ned på vaser. Her har jeg brugt et slush ice bæger og en Sanpellegrino flaske. Et målebæger og en glaskande, som ikke ellers bliver brugt, er også perfekte. Anderledes og dekorativt

En Ferrero Rocher Collection æske er her brugt til en gaveæske. Jeg har beklædt bunden med klistermærker, som efterfølgende har fået en gang lak. Hvis fødselaren ønsker sig penge eller gavekort, er dette en oplagt mulighed til en sjovere indpakning

Bagpå

Fra siden

Madspild

814.000 ton. Så mange spiselige fødevarer ender hvert år i skraldespande og containere. Dette er konklusionen på en undersøgelse, som COWI har foretaget for tænketanken One/Third.

Der er stor fokus på vores enorme madspild i Danmark. Alligevel bliver vi ved med at smide masser af god mad ud i skraldespanden hver dag, så hvordan ser løsningen *så* ud for at mindske vores enorme madspild?

I skrivende stund kører en programserie på 5 udsendelser, Min idé - Vores mission, på TV2. I programmet er der 5 dommere og hver uge kommer nye håbefulde mennesker med en grøn idé. Hver uge kåres én vinder, som går videre til finalen. I program 2 blev den heldige vinder, Rasmus, med hans madspildsidé. Kort fortalt deler han, sammen med andre frivillige, overskudsmad ud gratis (ros til ham over at tage initiativ til det - og på frivillig basis). Problemet er bare, at det ikke på nogen måde løser vores madspild. Tværtimod er det en ond cirkel, for jo mere gratis mad, der bliver delt ud, jo mindre bliver der solgt i dagligvarebutikkerne, hvilket blot giver endnu mere overskudsmad, som så igen kan uddeles gratis. Det er absolut ikke nogen grøn holdbar løsning - og heller ikke en god løsning for dagligvarebutikkerne.

Vi skal løse madspildsproblemerne forskelligt inden for de forskellige områder, der er.

Der er bl.a. fødevareproducenterne, dagligvarebutikkerne, de private husholdninger og restauranterne/storkøkkener.

For så vidt angår dagligvarebutikkerne gør kæderne meget ud af, at vi skal mindske vores madspild, men alligevel bliver nogle af dem ved med at åbne nye butikker. Hvad indebærer det? At madspildet blot bliver større og større, for det betyder bare endnu flere kølemontre, og endnu mere grønt, der skal fyldes op, men ikke flere kunder til at købe det.

I vores by ligger der: 3 REMA 1000, 4 (snart 5) Netto, 1 Føtex, 1 Kvickly, 1 MENY, 1 Lidl, 1 Coop 365 discount, 1 Aldi og 1 Dagli'brugsen. Sammenlagt 14 dagligvarebutikker til 29.226 (2021) indbyggere. Det giver 2087,57 indbyggere pr. butik. Hvis en gennemsnitsfamilie består af 3 personer, giver det så 695,85 kunder pr. butik. Hertil skal selvfølgelig lægges kunder fra landdistrikterne samt kunder, der kommer udenbys fra. *Men* det er stadig alt for få kunder pr. butik. Dette afspejler sig også ved, at der er 3 af butikkerne, der holder åbent på helligdage, da deres omsætning ikke er så høj, at de *skal* holde lukket.

Konklusionen er derfor: Der skal laves maksimum på, hvor mange dagligvarebutikker, der må ligge i kommunerne/byerne. Maksimummet skal svare til, at madspildet bliver mindsket, og ligger der for mange allerede, så skal dagligvarebutikkerne ikke have lov til ej heller at udvide størrelsen på butikken.

Ser man alene på vores by, skal antallet af dagligvarebutikker halveres for at undgå madspild. Ligeledes vil der også ved færre dagligvarebutikker spares en masse CO2-udledning, da lastbilerne skal køre langt færre kilometer på vejene, ligesom vi også vil løse problemet med mangel på chauffører. Så der vil altså være en kæmpe gevinst ved den løsning.

Nu er det så de private husholdningernes tur. Her er problemet om end endnu sværere at løse, for det kræver virkelig noget at få den enkelte dansker med på den bølge. Selv har vi ikke meget madspild, da vi fryser stort set alle rester ned, eller spiser det til frokost dagen efter. Det giver også en rigtig god økonomisk gevinst.

Én mulighed er at starte med de større børn i skolen. I madlavning kunne de have rester med fra aftensmaden og så lære at lave nye retter af det. Dermed kan de også inspirere deres forældre til ikke bare at smide resterne ud. Måske kunne der også komme nogle sjove madbøger ud af det. En anden mulighed er madprogrammer i TV. Her kunne deltagerne nemlig lave endnu en ret af resterne, så intet går til spilde og til inspiration for andre.

Jeg har ikke løsningen på alle madspildsproblemer, men fødevareproducenterne kunne måske sælge nogle af resterne til dyrefoder? For mange år siden var jeg ansat i en bagerforretning. Her blev alt overskydende brød solgt til grisefoder, så der var ikke noget spild der.

For så vidt angår restauranterne/storkøkkenerne burde de ikke have det store madspild. Det er vel friske råvarer, der bruges, og som uddannet inden for den branche, burde de kunne bruge resterne til nye anderledes retter, og ellers må der være en del, der kan nedfryses.

Til orientering: En meget stor del af vores fødevarer (undtaget er frugt, som kræver varmere himmelstrøg) produceres i udlandet, hovedsageligt Polen, som flere af vores store *danske* dagligvarekæder sværger til. Hvor grøn er den løsning med al den CO2-udledning, som transporten kræver til Danmark? Så næste gang du handler fødevarer, så gør dig selv og vores klima den tjeneste at tjekke, hvor varen produceres. Det gode råd er at købe så meget dansk som muligt.

Tag kampen op mod madspild allerede i dag - til gavn for din pengepung og miljøet

Nethandel

Skal vi virkelig være grønne, er nethandel simpelthen ikke løsningen. Der er et kæmpe ressourcespild her, og det er enormt CO2 krævende at købe på nettet. Hvordan hænger det så sammen?

For det første, skal der bruges emballage, når din vare skal pakkes. Denne emballage vil aldrig kunne blive grøn, da papkasser kun kan bruges et vist antal gange, inden de er helt ødelagte. Mange papkasser overlever dårligt én gang, så der er et kæmpe ressourcespild der.

Dernæst kommer transporten af pakken. Først skal varen transporteres til transportøren, eller transportøren afhenter hos netbutikken. Det koster CO2-udledning, da bilen jo altså bruger brændstof. Herefter transporteres varen til et opsamlingslager, som igen koster CO2-udledning, herefter endnu et opsamlingslager, som igen koster CO2-udledning, hvorefter varen transporteres til et afhentningssted eller hjem til dig, som endnu engang koster CO2-udledning.

Men det er ikke nok med det. Det koster også strøm, når du køber på nettet. Selvom strømmen kan blive helt grøn, så vil der skulle være vindmøller eller solceller alle vegne for at dække det strømforbrug, vi har i Danmark, og det er ikke alle, der ønsker det.

Der er to grunde til, at mange køber på nettet. Den ene er, at det er nemmere, og man sparer tid. Den anden for at undgå impulskøb.

Problemet er bare, at du faktisk *ikke* sparer noget tid ved nethandel. Tværtimod bruger du mere af din (formentlig) sparsomme tid end ved at handle i en fysisk butik. Du lægger bare ikke mærke til, *hvor* lang tid du er om at finde dine indkøb på nettet. Og tro mig, jeg taler af erfaring.

Med hensyn til at undgå impulskøb, er det lige så let at lave impulskøb på nettet, dog uden at du tænker over det. Hos mange netbutikker skal du nemlig købe for et bestemt beløb for at få leveret fragtfrit. Da fragten kan løbe op i mange penge med tiden, vælger du sikkert også lige at købe noget ekstra for at få dine varer leveret gratis. Her har du altså så lige lavet et impulskøb.

En anden nethandel, som er blevet meget populær, er Click & Collect. Her gælder præcis det samme. Det *kan* simpelthen ikke betale sig tidsmæssigt. Først skal du finde varen/varerne, så skal du betale, hvorefter du så skal hen i butikken, hvor du formentlig også skal stå i kø for at få det udleveret.

Selvom du formentlig vil skulle bruge brændstof for at handle i de lokale butikker, så er det stadig en langt billigere og bedre grøn løsning. I de fleste byer kan du parkere og så gå byen rundt for at købe det, du skal bruge. Måske har du også muligheden for at cykle eller gå, og så får du jo motion samtidig.

Vil du undgå impulskøb, så er det faktisk slet ikke så svært. For det første kan du nøjedes med at handle max. én gang om ugen og for det andet, så kræver det altså bare, at man enten kigger den anden vej eller siger til sig selv, at det har jeg ikke brug for. Måske er det ikke så nemt til at starte med, men øvelse gør mester, som man siger. Selv har jeg været rigtig god til at lave impulskøb, men det er overstået for lang tid siden. Nu kan jeg simpelthen gå forbi hvad som helst. Jeg går stort set udelukkende efter min indkøbsseddel, som jeg enten har skrevet ned på papir, eller har i hovedet.

Jeg selv købte i flere år, alt hvad jeg kunne på nettet. Dog undtagen dagligvarer, som jeg aldrig kommer til at købe der. Efterhånden fandt jeg dog ud af, at det for det første simpelthen var for kedeligt at købe på nettet, og det tog alt for lang tid at finde det, jeg skulle bruge. Det betyder faktisk, at jeg de seneste to år stort set intet har købt på nettet. Det kan tælles på én hånd.

Det er bare fantastisk at gå ned i en fysisk butik, og helst gerne de lokale, som jeg støtter alt det op om, som jeg kan - og være social. Og ja, man kan godt bruge ordet social om at handle fysisk. For her får du måske en sludder med butiksassistenten, eller du kommer måske i snak med en anden kunde, som du ikke engang kender. Det er dæleme da hyggeligt. Tænk på, hvor kedelig Danmark ville være, hvis vi kun havde netbutikker og ingen fysiske butikker i byerne.

Faktisk er jeg ret overbevist om, at de fleste bruger flere penge, når de handler på nettet. Her vrimler det jo med alle mulige ting, som du ikke kan købe i de fysiske butikker, så fristelsen er stor, *meget* stor.

Drop eller reducér nethandlen i dag og handl ind i de fysiske butikker til gavn for klimaet - og din pengepung

Ryd op i dit hjem

Nu vil du måske spørge, hvad ryd op i dit hjem har at gøre med at være grøn? Jo, de to ting hænger faktisk ualmindeligt godt sammen, for ved at sortere og rydde op i dit hjem, vil du også finde ud af, hvad du egentlig har brug for og ikke har brug for, hvilket vil være med til at nedsætte dit fremtidige forbrug.

Start med at tage et rum ad gangen. Gennemgå alt hvad der er i rummet og del tingene op i to forskellige bunker. Én bunke med de ting, du gerne vil beholde og én bunke med de ting, du ikke har brug for. Når du er færdig med at opdele tingene, tager du et kig på bunke et igen. Altså bunken med de ting, som du gerne vil beholde. Er du stadig helt sikker på, at alt hvad der ligger i bunken skal beholdes? Ellers gennemgå den lige igen. Derefter kan du koncentrere dig om bunke to. Her deler du igen tingene op i to bunker. I den ene bunke lægger du det, som absolut ikke er noget værd, og i den anden bunke lægger du det, der ikke fejler noget, og kan foræres væk eller sælges. Det der absolut ikke er noget værd, sorterer du selvfølgelig op, så det kan komme i de respektive genbrugsbeholdere eller på genbrugspladsen. Måske er der også noget af det, som du kan omdanne til noget nyt? Bunke to må du så gøre op med dig selv, om du vil forære det hele væk eller prøve at sælge noget af det på nettet eller på loppemarkeder. Vil du forære tingene væk, er der flere gode formål, som du kan benytte dig af, medmindre du da lige har noget familie eller venner, som kan bruge tingene. Ellers kan du overveje Mødrehjælpen, som bl.a. hjælper udsatte og sårbare familier med julehjælp, aktiviteter og rådgivning. De modtager ting og tøj til børn op til 12 år. Eller du kan bruge én af de mange andre genbrugsbutikker. Ligeledes har flere genbrugspladser også deres egne butikker, hvor du kan aflevere tingene.

Når du er færdig med det første rum, går du i gang med næste rum og så fremdeles, indtil du har gennemgået hele dit hjem.

Der kommer jo uundgåeligt nye ting eller nyt tøj ind med jævne mellemrum, så gennemgå dit hjem 1-2 gange om året, så det ikke ophober sig for meget.

Det giver også ro ikke at have for mange ting. Desuden sparer du masser af tid på rengøringen. For jo mindre du har, jo nemmere og hurtigere får du ryddet op og gjort rent.

Det simple liv er nemlig den grønne vej frem

Streaming

Alle teleselskaber satser stort på streaming. Mange streamer udelukkende, når de skal se film eller serier. Men hvorfor? Hvorfor er det præcist, at teleselskaberne opfordrer til at streame, og store virksomheder som bl.a. Disney går over til kun streaming, når det absolut ikke harmonerer med at passe på miljøet?

Fordi vi er tilbage til kernen af det hele. Penge, penge, penge er bare vigtigere end miljøet og klimaforandringerne.

I 2017 udarbejdede Greenpeace rapporten Clicking Green: Who is winning the race to build a green internet? I rapporten har Greenpeace ranglistet næsten 70 selskaber, så man kan se, hvor grønne (eller ikke grønne), de er.

Når du streamer en film eller et snit af en serie hentes dette fra datacentre et ukendt sted i verden. Streaming bruger energi på to måder: Serverne køles ned, og filmen/afsnittets tur fra datacentret til din computer bruger også strøm.

Jo mere der bliver streamet, jo flere datacentre skal der bygges med et stort strømforbrug til følge. Selvom datacentrenes strøm er grøn, så er spørgsmålet, om byggerierne er bæredygtige?

Nedsæt dit streamingforbrug eller stop helt med at streame - til gavn for miljøet

Transport

Selv er jeg så heldig, at jeg kun bor 5 kilometer fra mit arbejde. Da jeg ikke kører bil, så cykler jeg frem og tilbage, og i ekstremt dårligt vejr, ja, så går jeg. Selv *hvis* jeg kørte bil, kunne jeg aldrig drømme om at købe en bil blot for at køre 5 kilometer, for jeg får masser af motion ved at cykle, og så *elsker* jeg bare naturen. Jeg har nu også haft jobs længere væk, og her har jeg altid taget toget eller bussen. Der er altså en charme ved det, og det er tilmed også sjovt at kigge på menneskene, husene, naturen, eller hvad man nu kommer forbi.

På transportområdet kan vi virkelig spare meget CO2, hvis vi vil. Og selvfølgelig *vil* vi det.

I 2019 kom Morten Messerschmidt (DF) med et forslag om at gøre den kollektive trafik gratis. Selvom det forslag meget hurtigt blev fejet af bordet, ja, så er det altså et fantastisk grønt forslag. Argumentationen for at det ikke ville blive til noget var, at det ville koste mange penge, og nogle partier var bange for, at der ville være flere, der ville tage den kollektive trafik i stedet for at cykle eller gå. Seriøst? Jeg forstår simpelthen ikke, hvorfor vi ikke allerede er begyndt på det. Mon ikke du selv vil overveje det, hvis du kan spare pengene på en bil og køre gratis med toget og bussen? Det ville også betyde, at du faktisk kunne gå ned i arbejdstid, som du måske længe har drømt om, for det er dyrt, virkelig dyrt at være bilejer i Danmark. I stedet for at sidde i kø og være koncentreret hele tiden, kunne du sidde i toget og slappe af, f.eks. med en god bog.

Det skal dog understreges, at hvis dette fantastiske forslag skal få den grønne virkning, som jeg vil forvente, så kræver det også, at den kollektive trafik kører mere til tiden end nu.

Jeg skal ikke gøre mig klog på, hvad det vil koste at gøre den kollektive trafik gratis, men jeg er overhovedet ikke i tvivl om, at det vil spare rigtig mange penge at tage det skridt, for tænk på alle de penge, der vil blive sparet på at udvide og vedligeholde vejnettet?

Tænk på al den administration, som der vil blive sparet penge på, fordi man ikke skal indberette kørsel til Skat? De skattemedarbejdere kunne så passende bruges på andre opgaver fremfor at skulle ansætte nye medarbejdere.

Billet- og rejsekortautomaterne kunne fjernes og skulle ikke længere serviceres. Tænk på hvor mange penge der vil blive sparet der tillige med besparelsen på CO2-udledningen? For nogen *kører* jo rundt og servicerer dem.

Tænk på den besparelse på plastik, som vi også vil spare på, fordi der ikke skal bruges rejsekort?

Tænk på alle de trafikulykker, vi vil være foruden, og som også koster kassen?

Tænk på al den bilforurening, vi kunne være foruden, som også koster mange penge og menneskeliv?

Jeg er da ikke i tvivl om, at nogle nok ville vælge at tage den kollektive trafik i stedet for at cykle eller gå, men det vil være så rigeligt opvejet af alle de gode grunde til at søsætte dette projekt så hurtigt som muligt.

Selv vil jeg stadig cykle på arbejde, for det vil aldrig kunne svare sig for mig andet. Det vil tage længere tid, og jeg vil ikke kunne møde til tiden.

Lad os så få gang i det grønne projekt - gratis kollektiv trafik - med det samme

Tøjforbrug

Affaldsrådgivningsfirmaet Econet har for Forbrugerrådet Tænk lavet en analyse af, hvor meget nyt tøj danske producenter smider ud. På baggrund af dato fra perioden 2018-2020 viser undersøgelsen, at ca. *677 tons* nyt tøj hvert år bliver smidt ud. Det svarer til ca. *2,7 millioner* t-shirts om året.

Tøjindustrien er én af de største miljø- og klimasyndere, da det er enormt ressourcekrævende at producere tøj.

Der bruges sprøjtemidler mod ukrudt og skadedyr, som havner i grundvandet, ligesom der også i det færdige tøj er kemikalier(det er derfor, tøj skal vaskes inden brug).

Syntetiske fibre som polyester, akryl, nylon, lycra og spandex er lavet af kul, råolie og naturgas - altså fossile brændstoffer - gennem en kemisk proces. Bomuldsplanter kræver store mængder vand, og derfor får bomuldsmarkerne ofte vand fra nærliggende søer og vandløb, og det kan betyde, at søerne tørrer ud.

Hvor der før i tiden kun var 2-4 tøjkollektioner om året, rammer vi nu op til 24 om året, hvilket kun kan medføre et endnu større ressourcespild.

Og her kommer både du og jeg ind i billedet, for vores overforbrug af tøj *må* og *skal* stoppes.

I skrivende stund rummer min garderobe 78 dele. Det er både sko, strømper, jakker, kjoler m.m. Jeg må indrømme, at jeg faktisk var ret overrasket over, hvor meget jeg egentlig har, for det ser ikke ud af meget. På årsbasis bruger jeg max. kr. 1.000,- til 1.500,- på tøj og sko, og jeg har da også en nederdel, som er over 20 år gammel.

Ud fra mit eget forbrug, kan jeg godt sige mig fri for at have et overforbrug, men der er mange, som bruger det samme beløb eller mere om måneden kun på tøj og sko.

Men er det nødvendigt at have en stor garderobe? Er det nødvendigt at have 30 par sko? Er det virkelig nødvendigt at bruge en masse penge på tøj om måneden? Nej, det er det ikke. Du bliver absolut ikke mere lykkelig af det, og måske er du også nødt til at arbejde mere pga. dit store forbrug.

Hvis vi alle sammen nedsætter vores trang til at støtte tøjindustrien hele tiden, så vil antallet af kollektioner hurtigt falde ligesom salget.

Hvis du synes, du trænger til nyt tøj, kan du måske lave bytteaftener med veninderne/vennerne eller familien, og på den måde få noget nyt tøj. Det sparer både økonomisk, men også på miljøet.

Du kan også sy dit tøj om, hvis du har noget, der er slidt, eller du bare ikke gider gå med. På den måde kan du også blive den lykkelige ejer af noget tøj, som ingen andre har.

Tænk på miljøet og stop dit overforbrug allerede i dag

Mine 10 bedste grønne råd til politikerne

1. Den kollektive trafik skal være gratis
2. Alle fossile brændstoffer til varme skal udfases
3. Overskudstøj fra tøjbranchen skal genanvendes
4. Affaldssortering skal være et krav for privatpersoner og virksomheder
5. Engangsservice og plastikposer skal afskaffes
6. Ikke nødvendige flyrejser skal tillægges en klimaafgift
7. Produktion af varer skal hovedsageligt foregå i Danmark
8. Antallet af dagligvarebutikker skal nedbringes
9. Alt træ skal være FSC-certificeret
10. Virksomheder skal fritages for CO2-afgift

1. Ved at gøre den kollektive trafik gratis, fjerner vi et stort antal biler på vejene, hvilket betyder en markant nedbringelse af CO2-udledningen
2. Varmemæssigt kan vi sagtens udfase de fossile brændstoffer inden for kort tid. Dette kan bl.a. gøres ved at stille krav om, ved huskøb, at den nye ejer skal installere ny varmekilde inden for 1 år efter køb
3. Det skal gøres lovpligtigt, at tøjbranchen skal genanvende al overskudstøj i stedet for at brænde det. Hvis de ikke gør det, skal det kunne straffes med store bøder
4. Affaldssortering skal gøres lovpligtigt, og hvis en privatperson eller en virksomhed ikke affaldssorterer eller affaldssorterer rigtigt, skal dette kunne straffes med bøde
5. Produktion af engangsservice og plastikposer bør stoppes lovmæssigt. Ligeledes produktion af engangsservice i træ
6. Ferierejsende bør betale en stor klimaafgift, ligesom bilejere skal. En flyrejse kan undværes, det kan en bil ikke nødvendigvis
7. Nedsæt selskabsskatten, så vi får de danske virksomheder tilbage i Danmark og producere. Dette vil mindske CO2-udledningen markant på transport af varerne
8. Skal vi løse madspildsproblemet, skal der bl.a. være væsentligt færre dagligvarebutikker, end der er i dag. Dette vil også mindske CO2-udledningen til transport af varerne
9. Det skal ikke være lovligt at sælge træ uden FSC-certificering
10. Fritag virksomhederne for CO2-afgift og forpligt dem til at bruge pengene på grøn omstilling

*Disse grønne løsninger **kan** vi udføre inden for 2 år, hvis **I vil***

Genbrugs- og sparetips

Vidste du, at du kan:

- Aflevere dine brugte briller i Synoptik og Profiloptik. Læs mere på synoptik.dk og profiloptik.dk.

- Sende dine brugte patroner fra HP og Samsung gratis til genanvendelse. Læs nærmere på hp.com/dk. Dette gælder både for privatpersoner og virksomheder.

- Aflevere din tomme emballage i Matas i de opstillede genbrugsbeholdere (gælder kun produkter, som du har købt i Matas). Plasten bliver herefter sendt til genanvending og bliver bl.a. brugt til tæpperør og markeringskegler til brug ved vejarbejde. Du kan læse mere på matas.dk.

- Sælge dit gamle sølvsmykke og få 150,- rabat på køb af nye smykker hos withlovedarling.dk.

- Aflevere dit brugte tøj i H&M butikker. For hver pose du afleverer, får du en bonus i form af en digital voucher på 15% på én vare. Tøjet behøver ikke være købt i H&M, og behøver ej heller være i hel stand. Tøjfibrene bliver genbrugt, eller tøjet bliver solgt som second hand. Afleverer du tøjet i en plastikpose, bliver denne også genanvendt. Du kan læse mere på 2.hm.com under sustainability.

- Brug det overskydende kogte tevand samt det kogende vand fra ris og pasta til at fjerne ukrudtet mellem fliserne. Hæld det kogte vand over ukrudtet, så får du nemt bugt med det, da det så visner.

- Lad være med at skylle al servicet af, inden du sætter det i opvaskemaskinen. Fjern de fleste madrester, og så bare ind med det. Det er spild af penge, da du bruger en masse vand på det. Desuden er opvaskemaskinen produceret til det, og servicet bliver helt rent alligevel.

- Køb madvarer der er sat ned i pris. Derved kan du være med til at nedsætte madspildet tillige med, at du sparer mange penge. Hvis du ikke skal bruge det samme dag, kan du nedfryse det i plastbeholdere.

- Frys eventuelle rester fra aftensmaden ned. F.eks. kan kødsovs og hamburgerryg/skinke bruges på hjemmelavede pizzaer eller i pitabrød.

- Sæt en kande eller karaffel med vand i køleskabet. Derved sparer du at lade vandet rende, når du skal have noget koldt af drikke.

Kilder

- wwf.dk
- greenpeace.org
- videnskab.dk
- taenk.dk
- bolius.dk
- onethird.dk
- idenyt.dk
- dk.fsc.org
- econet.dk
- vekbh.dk
- kefm.dk
- dn.dk